电能表物资价值管理一本通

DIANNENGBIAO WUZI JIAZHI GUANLI YIBENTONG

国网浙江省电力有限公司计量中心　编

中国电力出版社
CHINA ELECTRIC POWER PRESS

内 容 提 要

电能表物资价值管理业务是国网浙江省电力有限公司业务中涉及业务部门广、业务流程及环节较多的一项重要业务。本书编制组根据多年的计量专业从业经验，对电能表物资价值管理业务中所涉及的业务管理平台、相关完整的业务操作流程、业务操作说明及相关关键业务指标做了全面的阐述。本书通过大量的实际业务截图结合简洁易懂的文字描述，以便读者能够更加全面直观地学习了解电能表物资价值管理业务。只需几个小时，便能对照书中的流程说明，完成电能表物资管理业务流程中事务性的业务平台操作，了解并解决在实际业务中遇到的大部分业务问题。

本书可作为国网浙江省电力有限公司从事计量专业电能表物资价值管理业务人员的参考用书，尤其适合计量专业新加入的相关业务人员使用。

图书在版编目（CIP）数据

电能表物资价值管理一本通／国网浙江省电力有限公司计量中心编.
—北京：中国电力出版社，2019.6
ISBN 978-7-5198-2888-2

Ⅰ.①电… Ⅱ.①国… Ⅲ.①电度表－物资管理－基本知识 Ⅳ.① TM933.4

中国版本图书馆 CIP 数据核字（2018）第 296816 号

出版发行：中国电力出版社
地　　址：北京市东城区北京站西街 19 号（邮政编码 100005）
网　　址：http://www.cepp.sgcc.com.cn
责任编辑：杨敏群（010-63412531）　柳　璐
责任校对：黄　蓓　王海南
装帧设计：赵姗姗
责任印制：邹树群

印　　刷：北京瑞禾彩色印刷有限公司
版　　次：2019 年 6 月第一版
印　　次：2019 年 6 月北京第一次印刷
开　　本：710 毫米 ×1000 毫米　16 开本
印　　张：5.25
字　　数：78 千字
定　　价：28.00 元

编　委　会

前言
Preface

随着国家全面深化电力体制改革，进一步提升营销精益化管理，强化资产管控，有效支撑公司提质增效。国网浙江省电力有限公司依据卓越绩效评价导则，结合核心业务过程一大营销业务支撑条款，贯彻"提质增效、节约成本"的理念，探索开展电能计量资产价值管理。

电能计量资产价值管理业务以效益为导向，通过共享国网电子商务平台（简称 ECP 平台）、电力营销业务应用系统（简称营销系统）、省级计量中心生产调度平台（简称 MDS 平台）、ERP 系统以及浙江省物资调配平台 5 大业务系统数据，优化调整各业务部门职责分工，实现需求提报、全检收货、转储销售和领料出库等价值管理业务流程全过程管控，有效提高电能计量资产"账卡物"一致性。

本书为技能培训教材，在编写原则上，突出以岗位能力为核心；在内容定位上，突出针对性和实用性，本书采用图文并茂的形式讲解，条理清晰、深入浅出，通俗易懂，方便从事电能计量资产价值管理业务的相关人员使用。

本书在编制过程中得到了国网浙江省电力有限公司各级领导、相关部门和专家的大力支持，在此表示衷心感谢！

限于编写时间和编者水平，不足之处在所难免，敬请各位读者批评指正！

编　者

2019 年 3 月

目录
Contents

前言

Part 2

附篇

Part 1 总述篇

本篇对涉及的电能计量资产进行了简单介绍，主要包含智能电能表、采集终端、电流互感器的定义、特点、分类等基础知识，并对相关业务系统进行了介绍。

一、智能电能表

（一）智能电能表的定义

由测量单元、数据处理单元、通信单元等组成，具有电能量计量、信息存储及处理，实时监测、自动控制、信息交互等功能的电能表。

（二）智能电能表的特点

智能电能表主要有以下特点：

（1）统一规格尺寸，方便安装和自动检表。

（2）减少电流的规格等级，去掉了 3、15、30A 等规格。

（3）单相表全为费控表，费控分负荷分开关内置和外置两种。

费控功能细分为远程费控、本地费控两种。本地费控是在电能表内进行电费实时计算，根据剩余金额自动进行负荷开关控制；远程费控是在远程售电系统完成电费计算，表内不存储、显示与电费、电价相关的信息，电能表通过接受远程售电系统下发的拉闸、允许合闸命令进行负荷开关控制。

（4）脉冲常数参考智能电能表参数 I_{max}，而不是参考 I_b。

（5）所有智能电能表的功能都要求有电压、电流、功率、功率因数等常用检测参数。

（6）通信模块采用可插拔方式，不影响计量，方便升级更换，为技术改进提供了方便。

（7）统一的通信协议、通信接口，各厂家的掌机程序或通信软件均通用。

（8）增加了阶梯电价功能。

（9）具有加密功能，ESAM 模块嵌入在设备内，实现安全存储、数据加 / 解密、双向身份认证、存取权限控制、线路加密传输等安全控制功能。

二、采集终端

（一）采集终端的定义

用电信息采集终端是对各信息采集点用电信息采集的设备，简称采集终端，可实现电能表数据的采集、数据管理、数据双向传输以及转发或执行控制命令。

（二）采集终端的分类

用电信息采集终端按应用场所分为专用变压器采集终端、集中抄表终端（包括集中器、采集器）、分布式能源监控终端等类型。

专用变压器采集终端是对专用变压器用户用电信息进行采集的设备，可实现电能表数据的采集、电能计量设备工况和供电电能质量监测，以及客户用电负荷和电能量的监控，并对采集数据进行管理和双向传输。

集中抄表终端是对低压用户用电信息进行采集的设备，包括集中器、采集器。集中器是指收集各采集器或电能表的数据，并进行处理储存，同时能和主站或手持设备进行数据交换的设备。采集器是用于采集多个或单个电能表的电能信息，并可与集中器交换数据的设备。

采集器依据功能可分为基本型采集器和简易型采集器。基本型采集器抄收和暂存电能表数据，并根据集中器的命令将储存的数据上传给集中器，简易型采集器直接转发集中器与电能表间的命令和数据。

分布式能源监控终端是对接入公用电网的用户侧分布式能源系统进行监测与控制的设备，可实现对双向电能计量设备的信息采集、电能质量监测，并可接受主站命令对分布式能源系统接入公用电网进行控制。

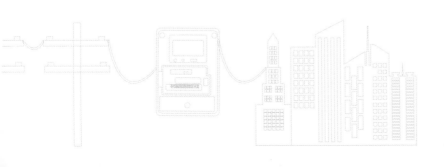

三、电流互感器

（一）电流互感器的定义

在正常使用条件下其二次电流与一次电流实质上成正比，而且在连接正确时其相位差接近于零的互感器为电流互感器，而计量用低压电流互感器指安装在 0.4kV 低压电力线路上作计量用途的电流互感器。

（二）电流互感器的分类

电流互感器的分类

分类依据	分类	备注
按用途	测量用电流互感器（或电流互感器的测量绕组）	在正常电流范围内，向测量、计量装置提供电网电流信息
	保护用电流互感器（或电流互感器的保护绕组）	在电网故障状态下，向继电保护等装置提供电网故障电流信息
按安装方式	贯穿式电流互感器	用来穿过屏板或墙壁的电流互感器
	支柱式电流互感器	安装在平面或支柱上，兼做一次电路导体支柱用的电流互感器
	套管式电流互感器	无一次导体和一次绝缘，直接套装在绝缘套管上的一种电流互感器
	母线式电流互感器	无一次导体但有一次绝缘，直接套装在母线上使用的一种电流互感器
按一次绕组匝数	单匝式电流互感器	大电流互感器常用单匝式
	多匝式电流互感器	中、小电流互感器常用多匝式
按二次绕组位置	正立式电流互感器	二次绕组在产品下部，是国内常用的结构形式
	倒立式电流互感器	二次绕组在产品头部，是近年来比较新型的结构形式
按电流变换原理	电磁式电流互感器	根据电磁感应原理实现电流变换的电流互感器
	电子式电流互感器	通过光电变换等原理实现电流变换的电流互感器

分类依据	分 类	备 注
按保护用电流互感器技术性能	稳态特性型电流互感器	保护电流在稳态时的误差等级一般为P、PR、RX 的电流互感器
	暂态特性型电流互感器	保护电流在暂态时的误差等级一般为IPX、TPY、TPZ、TPS 的电流互感器
按使用条件	户内型电流互感器	一般用于 35kV 及以下电压等级
	户外型电流互感器	一般用于 35kV 及以上电压等级
按绝缘介质	干式电流互感器	由普通绝缘材料经浸漆处理作为绝缘
	浇注式电流互感器	用环氧树脂或其他树脂混合材料浇注成型的电流互感器
	油浸式电流互感器	由绝缘油作为绝缘，一般为户外型。目前我国在各种电压等级的互感器中均常用绝缘油作为绝缘
	气体绝缘电流互感器	主要绝缘由 SF_6 气体构成
按电流比变换	单电流比电流互感器	一、二次绕组匝数固定，电流比不能改变，只能实现一种电流比变换的互感器
	多电流比电流互感器	一次绕组或者二次绕组匝数可改变，电流比可以改变
	多个铁芯电流互感器	互感器有多个各自具有铁芯的二次绕组，以满足不同精度的测量和不同的继电保护装置的需要。为了满足某些装置的要求，其中某些二次绕组具有多个抽头

四、业务系统简介

（一）MDS 平台 ⚙

MDS 平台是省级计量生产调度平台系统的简称，主要包括采购管理、验收管理、室内检定管理、仓储管理、配送管理、公共查询、质量监督等 23 个模块。

目前，电能计量资产价值管理业务正是通过 MDS 平台实现采购管理、验收管理、室内检定管理、仓储管理、配送管理等，最终实现计量资产全寿命管理、生产运行全过程管控、质量监督全范围覆盖，保障了计量量值传递的准确性、可靠性。

（二）ERP 系统 ⏱

ERP 系统是为公司决策层及员工提供决策运行手段的主要的信息化管理平台，全面支撑国网浙江省电力有限公司人资管理、财务管理、物资管理、项目管理、安全生产管理、综合管理、营销管理、协同办公八大主业务应用，是对国家电网 SG186 工程的充分继承和全面发展。

目前，电能计量资产价值管理业务正是通过 ERP 系统，进行库存管理、采购申请、订单生成、供应商的匹配、与分公司间的转储、与子公司间的销售结算等业务管理。

（三） 营销系统

营销系统是国家电网公司一体化企业级信息集成平台，主要由客户服务与客户关系、电费管理、资产管理、综合管理等营销业务领域涉及的 20 个业务功能模块组成，通过各领域具体业务的分工协作，为客户提供各类服务，完成各类业务处理，为供电企业的管理、经营和决策提供支持，满足"SG186"工程建设的要求。

目前，电能计量资产价值管理业务主要涉及营销资产管理模块的应用，MDS平台发起配送流程，同时将配送任务和配送设备明细发送至营销业务应用系统，营销业务应用系统生成配送入库单，各地市、县公司接收资产入库后，将配送信息发送至 ERP 系统，并反馈给 MDS 平台。营销系统通过与 MDS 平台和 ERP 系统进行接口交互，保证三个系统数据的一致性，便于计量资产的全寿命周期管理。

（四） ECP 平台

伴随着集中规模采购规范、物资种类与数量的增加、供应商数量的增长，以及在降低采购成本支出、与供应商形成一体化的战略伙伴关系要求的背景下，国家电网公司一级部署的电子商务平台，通过电子化的采购寻源、合同管理、供应商管理等手段实现采购模式与方式多元化、合同执行可管可控化、供应商协同一体化、决策支持科学化等转变，为整个国家电网公司提供更好的物资供应保障与服务。目前表计物资正是通过 ECP 平台，进行招标采购，并以协议库存的形式，管理合同的执行。

（五） 物资调配平台

国网浙江省电力有限公司物资部门业务平台，覆盖并支撑物资部门的统购统配业务、应急物资管理、供应商服务大厅等业务，统一管理协同内部及外部供应链，通过平台整合业务数据，建立分析模型，对业务数据进行全过程节点监控，建立预警、管控体系；通过分析历史业务数据信息，为下一年物资供应计划和预算提供决策支持，保障物资供应。电能计量资产价值管理业务，主要在物资调配平台实现需求提报、到货单据电子化等业务流程。

五、业务流程简介

电能表物资价值管理业务流程图

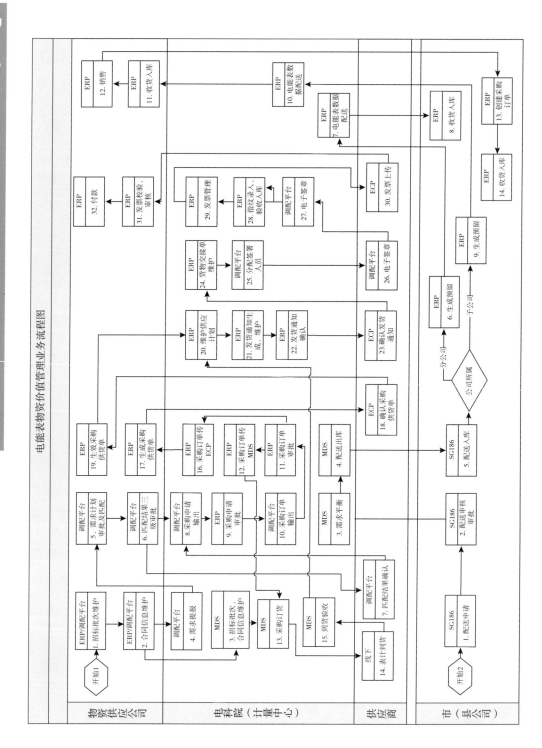

电能计量资产价值管理业务具体流程如上图所示，后续章节将着重讲述电科院（计量中心）负责部分业务以及地市单位 ERP 系统收货业务，同时包含物资分公司、供应商等相关内容。

Part 2 流程操作篇

本篇以电能计量资产价值管理业务流程为主线，对需求提报、全检收货、转储销售和领料出库的操作要点进行了详细描述，规范了电能计量表计价值管理业务流程和操作规范。

一、需求提报

本篇对电能计量资产价值管理业务需求提报部分展开叙述，根据全省历史同期平均月度需求、省计量中心实际库存、全省电能计量表计全年里程碑计划等，省计量中心在物资调配平台中上报需求；省物资分公司在物资调配平台匹配供应商，将匹配结果传递至 ERP 系统创建采购订单，同时将匹配结果回传至 MDS 平台；电科院通过 MDS 平台按匹配好的供应商，细化需求表计型号，在 ERP 系统输出、审批采购订单，并通知供应商发货。

（一）工作前准备

1. 安装 SAP 系统

根据安装包提示，按步骤安装 SAP 软件，后续提及登录 ERP 系统即指登录 SAP 软件。

2. 提取框架协议执行情况查询表

登录物资调配平台（http：//wzdp01.zj.sgcc.com.cn/）统购统配模块，提取框架协议执行情况查询表。

菜单地址：目录树→智能电能表→报表查询（新）→框架协议执行情况查询→查询→导出。

3. 计算需求提报数量

（1）总体原则。根据不同类型设备的实际需求情况确定提报数量。可按如下方法进行操作：

1）采集终端的需求提报数量为合同数量；

2）电能表的需求数量分两次提报，第一次提报数量为合同数量的30%，第二次提报数量为剩余的70%；

3）互感器的需求数量分三次提报，第一次提报数量为合同金额的20%，第二次提报数量为合同金额的70%，第三次提报数量为剩余的10%。

4）出现特殊需求可参考上述方式另行处理。

（2）各变比互感器的提报数量计算方法。

1）计算上一年度月平均需求量 A。

2）计算相应各变比可用数量（即当月末到货各变比总数量 + 当月月初未检库存 + 当月月初合格库存） N，利用 A，估算相应变比互感器可用月数 $M=N/A$。

3）当已估算的最小 $M_{min} \leq 4$，需进行需求提报，否则当月可不进行需求提报。

4）若需要进行需求提报，则根据已估算的所有 M_i，取其平均值 M_p，依据利用二分法进行多次试算，确定最大的平均可用月数，进而依据已有的到货、库存数量，确定提报数量。

4. 增加需求批次号

通知物资供应公司相关人员，增加需求批次号（如 201708BJ）。

（二）系统操作

1. 填报需求

菜单地址：目录树→智能电能表→新电能表业务需求计划管理→需求计划提报选择【需求批次】（如 201708BJ）。

点击【确定】。

选择【仓库】非项目直发虚拟库。

点击【新增】。

输入物料编码。

点击【查询】。

输入需求数量和需求日期，点击【确认】。

重复以上步骤填写所有数据后，点击【保存】→【上报】→【导出】，保存文件名为需求计划提报 .xls。

2. 通知物资供应公司人员进行审批操作

3. 审批通过需求提报

物资供应公司人员在物资调配平台上审批提报数量。若审批未通过，则需调整提报数量。

4. 确认框架协议匹配结果

供应商在物资调配平台上确认框架协议匹配结果。

5. 创建采购申请

菜单地址：目录树→智能电能表→新电能表业务需求计划管理→采购申请输出。

选择【需求批次】(如 201708BJ)。

勾选【采购申请单号】和【采购申请行项目】为空且【发货确认】为"已确认"的项目。

点击【创建采购申请】。

点击【生成】，完成后原空白处出现采购申请单号（如 0050002456），并记录采购申请单号。

6. 审批采购申请

打开 ERP 系统，点击【可变登录】。

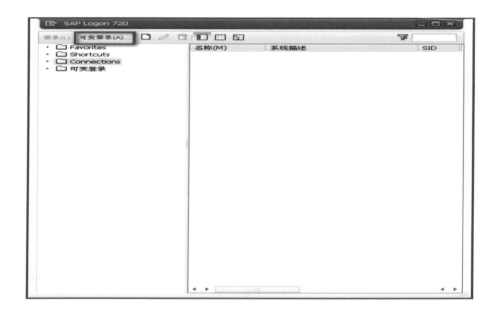

点击【下一步】。

录入系统连接参数，点击【下一步】→【下一步】。

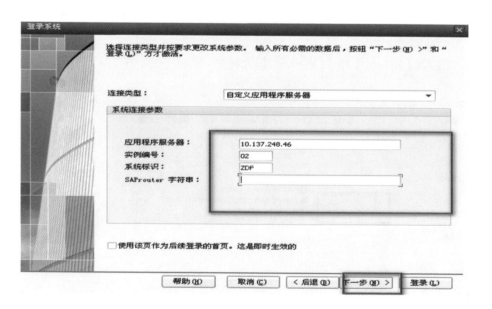

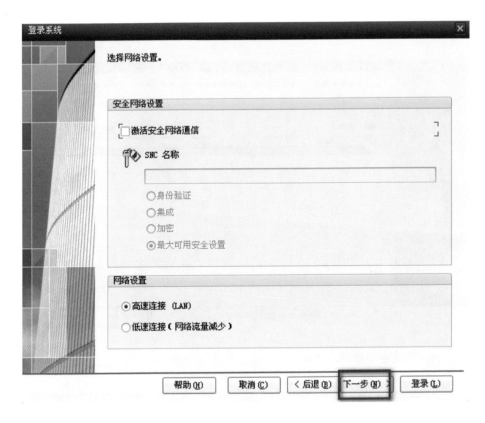

输入【用户名】和【口令】，按回车键。

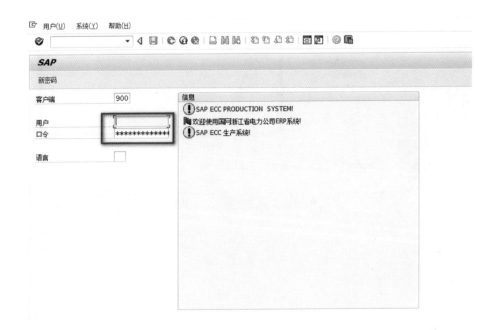

输入事务码 ME54N →按回车键。

点击【其他购买要求】按钮 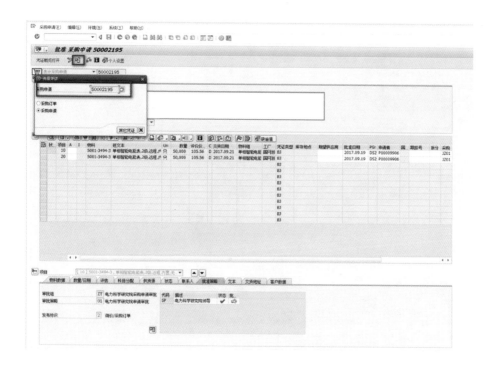 。

点选【采购申请】。

输入【采购申请】单号，按回车键。

点击【项目】的下拉框按照行项目逐条做以下操作。

点击【批准】按钮，【状态】由 变化成 。

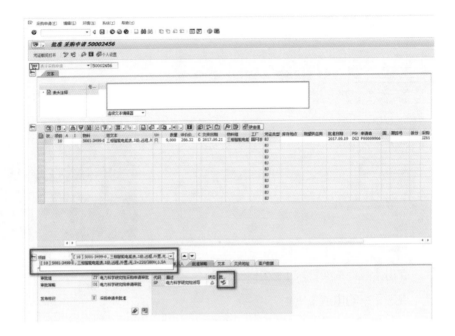

点击【保存】按钮 🔲。

7. 创建采购订单

登录物资调配平台 http：//wzdp01.zj.sgcc.com.cn/。

菜单地址：目录树→智能电能表→新电能表业务需求计划管理→采购订单输出选择【需求批次】（如 201708BJ）。

勾选【采购订单号】和【采购订单行项目号】都为空的项目。

点击【创建采购订单】。

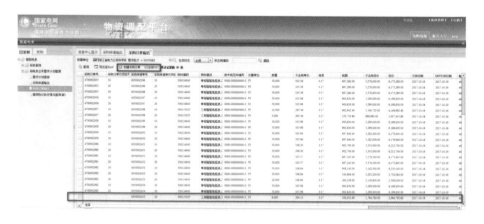

点击【生成】，完成后原空白处出现【采购订单号】（如 4700002999），并记录采购订单号。

8. 审批采购订单

登录 ERP 系统。

输入事务码 ME29N →按回车键。

点击【其他购买要求】按钮 📇 。

点选【采购订单】。

输入【采购订单】单号，按回车键。

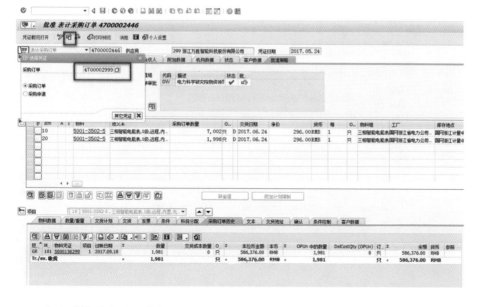

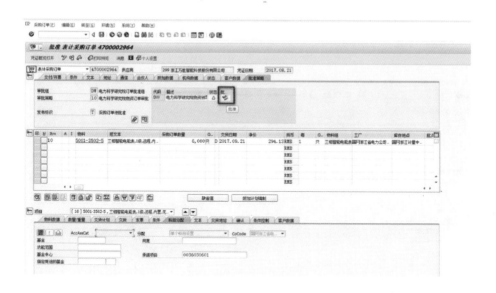

点击【批准】按钮 。

点击【保存】按钮 🖫。

点击【是　保存】。

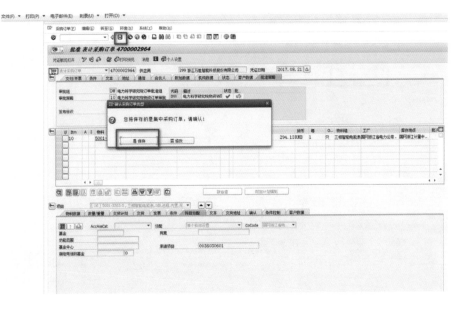

9. 同步采购订单至 ECP

输入事务码 ZMM14030，按回车键。

输入【工厂】：otds。

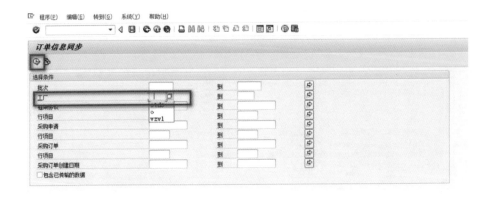

点击【执行】按钮 ⊕。

点击全选按钮 📑。

点击按钮 ☜传输电子商务平台 。

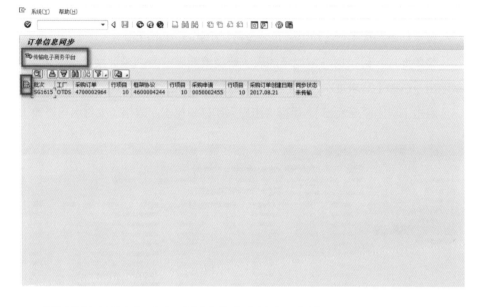

提示传输电子商务成功，【同步状态】显示已传输。

最下方显示传输电子商务成功。

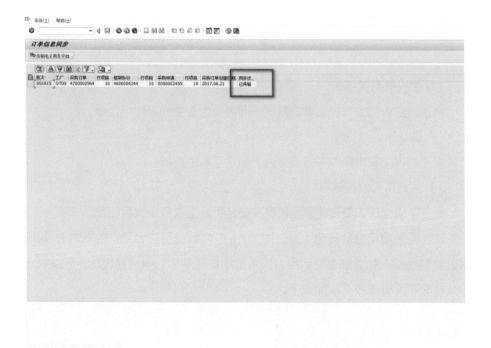

10. 导出采购订单输出表

登录物资调配平台（http：//wzdp01.zj.sgcc.com.cn/）。

菜单地址：目录树→智能电能表→新能电能表业务需求计划管理→采购订单输出→选择【需求批次】（如 201803BJ）

点击【导出至 Excel】，保存《市局采购订单输出》表格（文件名可修改）。

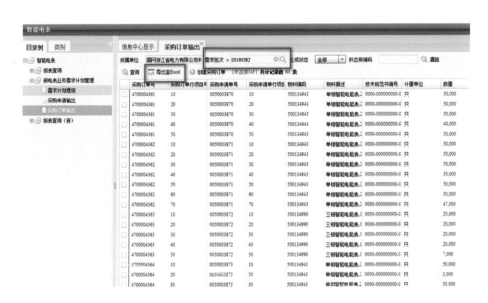

11. 生成采购供货单

物资供应公司人员在国家电网电子商务平台上生成采购供货单。

12. 确认采购供货单

供应商在国家电网电子商务平台上确认采购供货单。

13. 生效采购供货单

物资供应公司人员在国家电网电子商务平台上生效采购供货单。

注：若需启用合同增量（原合同 20% 以内数量且在合同有效期内），需向省公司营销部、物资部提交启用合同增量申请联系单，申请通过后，联系物资分公司专职人员增加需求批次号。

二、全检收货

根据 MDS 平台中到货批次表计全检验收合格情况，在 ERP 系统中拆分供货计划，并完成电子到货验收单操作，指令确认后，ERP 系统触发收货，在电科院账套生成收货凭证。

（一）工作前准备

1. 获取采购合同汇总表

从物资供应公司相关合同管理部门获取《采购合同汇总表》。

2. 提取全检验收合格表

登录 MDS 平台（http：//mds.zj.sgcc.com.cn/client/bsp/jsp/login.jsp），提取全检验收合格表。

菜单地址：点击系统支撑→自定义查询→常用查询执行→输入查询名称关键字"lml"→查询→勾选查询名称为"全检分析时间表 -lml"的操作行（注意："lml"为全检分析时间表 -lml 中的关键词，也可输入全检等其他关键字）。

点击【执行】→【导出 Excel】，导出文件名为"查询"，更名生成"全检验收合格表"。

```
where b.partner_no = cc.manufacturer
    and b.equip_categ = cc.equip_categ
    and b.valid_flag = '01') 供应商名称,
```

```
select ta.anal_date 全检分析时间, cc.arrive_batch_no 到货批次号, (select bo.contract_no from b_order_contract bo where
bo.contract_id = cc.contract_id) 合同号, (select max(b.partner_name) from b_supplier_new b where b.partner_no =
cc.manufacturer and b.equip_categ = cc.equip_categ and b.valid_flag = '01') 供应商名称, nvl((select (select
bl.erp_batch_no_erp from b_order_list bl where bl.order_list_id = bod.order_list_id) from b_order_det bod where
bod.order_det_id = cc.order_det_id),'null') 临时ERP物料号, nvl((select (select be.material_name from b_erp_material be
where be.erp_batch_no = bl.erp_batch_no_erp) from b_order_list bl where bl.order_list_id = bod.order_list_id) from b_order_det
bod where bod.order_det_id = cc.order_det_id),'null') 临时ERP物料号描述, decode(ta.detect_conc, '01', '合格', '02', '不合格',
ta.detect_conc) 全检结果, cc.qty 到货数量, cc.qty - ta.fail_qty - nvl((select v.detect_qty from t_detect_task v where
v.arrive_batch_no = ta.arrive_batch_no and v.detect_type = '02', 0) - nvl((select sum(tt.fail_qty) from t_detect_conc_anal
tt, t_detect_task td where tt.arrive_batch_no = cc.arrive_batch_no and td.detect_type = '04' and tt.task_id = td.task_id), 0)
需结算数量, ta.fail_qty + nvl((select v.detect_qty from t_detect_task v where v.arrive_batch_no = ta.arrive_batch_no and
v.detect_type = '02', 0) + nvl((select sum(tt.fail_qty) from t_detect_conc_anal tt, t_detect_task td where tt.arrive_batch_no
= cc.arrive_batch_no and td.detect_type = '04' and tt.task_id = td.task_id), 0) 不需要结算的数量, nvl((select sum
(tdt.detect_conc_u) from t_detect_task tdt where tdt.arrive_batch_no = cc.arrive_batch_no and tdt.detect_type in ('13', '05',
'04') and tdt.detect_mode not in ('01', '02'), 0) + nvl((select v.detect_qty from t_detect_task v where v.arrive_batch_no =
ta.arrive_batch_no and v.detect_type = '02'), 0) 不合格及样品比对, ta.arrival_date 到货时间 from t_detect_conc_anal ta,
t_detect_task tkk, c_arrive_check_in cc where ta.task_id = tkk.task_id and tkk.detect_type = '05' and tkk.arrive_batch_no =
ta.arrive_batch_no and ta.anal_date >= to_date('2016-11-23', 'yyyy-mm-dd') AND cc.org_no = '33101' and length(cc.rcv_id) = 16
and cc.arrive_batch_no not in ('2615082110561039', '2615061110421138', '2615121610739888', '2616011810787429',
'2616032110862269') order by ta.anal_date desc
```

导出Excel

	全检分析时间	到货批次号	合同号	供应商名称
1	2019-02-14 00:00:00.0	2618090712855525	SGZJWZOOHTMM1700859	威胜集团有限公司
2	2019-02-14 00:00:00.0	2618112313119440	ZJ2016013154-1	安徽南瑞中天电力电子郁
3	2019-02-14 00:00:00.0	2618112313119525	ZJ2016013154	安徽南瑞中天电力电子郁
4	2019-02-01 00:00:00.0	2619012113459066	SGZJWZOOHTMM1700862	北京煜邦电力技术股份郁

3. 更新 ERP 入库数据

根据供应商及合同号找到对应的 ERP 协议库存号 46*（在相应的《采购合同汇总表》的"签订汇总"表中查找），在《采购订单输出表》中找到对应的采购订单号 47*，整理成"全检证明开具记录表"，更新入库数据。依据此表在 ERP 系统进行入库操作。

4. 更新 ERP 入库数据

（二）系统操作

1. 维护供应计划信息

拆分原则：按照本次验收合格数量和订单剩余数量以及各自对应的计划交货日期进行拆分。若验收合格数小于计划交货数量，则拆分成验收合格数量 + 剩余数量；若验收合格数不小于计划交货数量，则无需拆分，优先选择数量少的目标行。

登录 ERP 系统，输入事务码 zmm00101，按回车键。

输入【采购凭证】：47*。

输入【工厂】: otds。

点选【未生效供应计划】→【除驻厂监造物资外其他】。

点击执行按钮 ⊕ 。

根据物料描述、采购订单编号选中目标行，点击按钮 🔠拆分 ，进行订单拆分。

输入【分批数】2。

点击【执行】。

分别输入交货批次1、2的【计划交货数量】和【计划交货日期】(交货批次1、2指本次收货数量和剩余待收货数量)。

点击【确定】。

点击【是】。

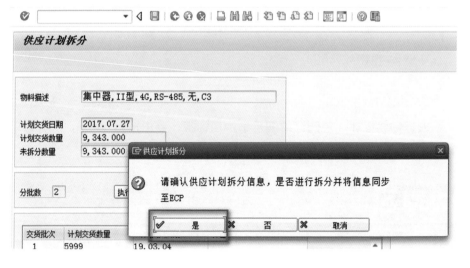

提示"拆分成功",点击按钮 ✔ 。

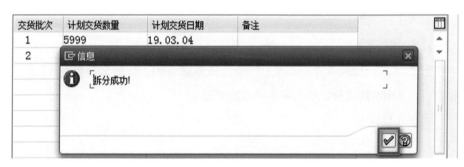

选中实际验收合格数量所在行，点击按钮 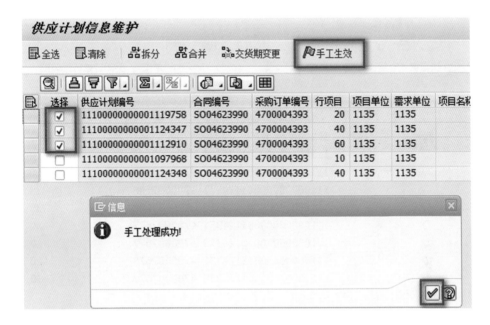手工生效 。

提示"手工处理成功！"。

点击按钮 ✔ 。

2. 生成发货通知单

返回 ERP 系统首界面。

输入事务码 zmm00109。

输入【工厂】otds。

点击执行按钮 ⊕。

物资合同履约调整：发货通知生成

⊕ ⊡

选择条件

供应计划编号		到	
采购订单	[×] 47*	到	
合同标识符		到	
供应商编号		到	
公司代码		到	
工厂	otds	到	
物料编号		到	

点击【全选】→【生成】。

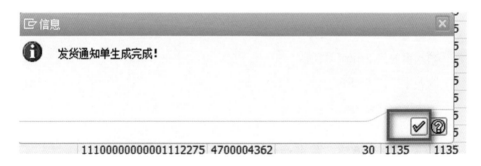

提示"发货通知单生成完毕",点击按钮 ✔ 。

3. 维护发货通知单

返回 ERP 系统首界面。

输入事务码 zmm00110。

输入【公司代码】otds。

点击执行按钮 ⊕ 。

物资合同履约调整：发货通知维护

⊕ 🗅

数据筛选

发货通知编号		到		⇨
采购凭证		到		⇨
合同编号		到		⇨
供应计划编号		到		⇨
供应商		到		⇨
公司代码	otds	到		⇨
物料		到		⇨
交货期		到		⇨
确定交货期		到		⇨

点击【全选】→【批量签署人员维护】。

点击【收货联系人】处的按钮 🗅 。

SAP

🖫 保存　　🖽 全选　　🖽 清除　　🗑 批量作废　　✏ 批量签署人员维护

	选择	发货通知编号	供应计划编号	供应商	项目名称	项目单位	采购订单编号	行项目	物料描述
	✓	1120000000000035917							
	✓	1120000000000035917							
	✓	1120000000000035917							
	✓	1120000000000035917							
	✓	1120000000000035917							
	✓	1120000000000035917							
	✓	1120000000000035917							
	✓	1120000000000035918							
	✓	1120000000000035918							
	✓	1120000000000035918							
	✓	1120000000000035918							
	✓	1120000000000035918							

☐ SAP

批量维护供货信息

收货联系人		🗅
收货联系人固定电话		
收货联系人手机		
实际交货地点		
施工单位负责人	99299999	无
施工单位负责人手机		

施工单位选择无，则交接单只需供应商和收货方联系人签字盖章，

若选择了施工单位具体人员，则交接单签署顺序为：

供应商盖章签字->施工单位负责人签字->收货方联系人签字盖章。

✔ ✖

输入【姓名】：对应的人员。

点击按钮 ✔ 。

登录帐号（1）

限制

登录帐号

姓名　　　　　＝　唐迪

手机号

单位名称

所属签署方

所属签署方描述

最大命中数量　　500

点击对应人员工号→按钮 ✔ 。

登录帐号（1）　1 条目被找到

限制

登录帐号	姓名	手机号	单位名称	所属签署	所属签署方...
P51201220	唐迪	18806719609	省电科院计量中心	5	项目单位

【收货联系人】显示为该人员工号。

维护剩余信息：收货联系人固定电话、实际交货地点，施工单位负责人默认为 99299999。

点击按钮 ✔ 。

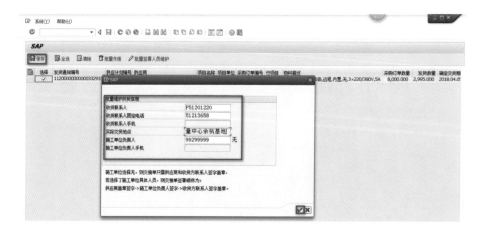

点击保存按钮 📙（提示"数据保存成功"）→点击按钮 ✔ 。

4. 发送发货通知单

返回 ERP 系统首界面。

输入事务码 zmm00111。

输入【公司代码】：otds。

点击执行按钮 ⊕ 。

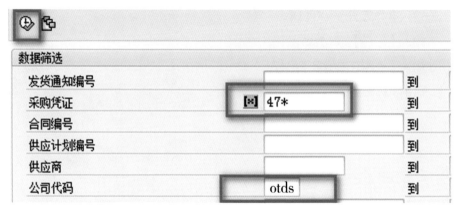

点击【全选】→【确认】（提示"数据发送成功"）→点击按钮 ✔ 。

5. 确认发货通知单

供应商于 ECP 平台确认发货通知单。

6. 维护货物交接单

登录 ERP 系统首界面。

输入事务码 zmm00114。

输入【工厂】：otds。

输入【采购订单编号】：47*。

点击执行按钮 ⊕ 。

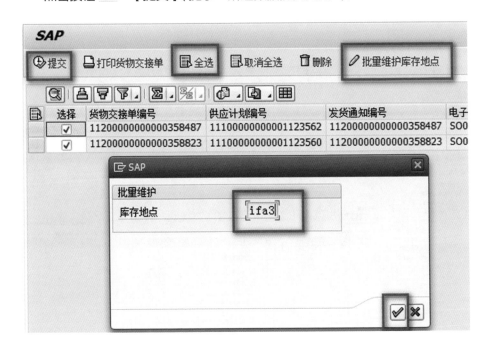

选择条件

发货通知编号		到
货物交接单编号		到
采购订单编号		到
供应商编号		到
工厂	otds	到
采购组织		到
物料编码		到
创建日期		到
确定交货期		到
是否实物收货		

交接状态

⦿ 未交接
◯ 已交接

点击【全选】→【批量维护库存地点】→输入【库存地点】ifa3。

点击按钮 ✔ →【提交】（提示"所选数据提交完成"）。

SAP

⊕提交　🖨打印货物交接单　📋全选　📋取消全选　🗑删除　✏批量维护库存地点

选择	货物交接单编号	供应计划编号	发货通知编号	电子
✓	11200000000000358487	11100000000001123562	11200000000000358487	SO0
✓	11200000000000358823	11100000000001123560	11200000000000358823	SO0

SAP

批里维护

库存地点　　　ifa3

✔ ✖

7. 分配电子签章

登录物资调配平台（http：//wzdp01.zj.sgcc.com.cn/）服务大厅模块。

菜单地址：目录树→业务应用中心→物流单据电子化→到货验收单→分配签署人员→维护未组建签署人员。

点击【分配状态】下拉框选择"未分配"→【查询】。

选中一条数据→点击【查看到货验收单明细】，核对无误→点击【关闭】（此步骤核对拆分数量是否无误）。

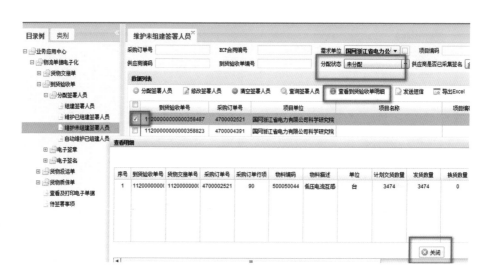

点击【分配签署人员】。

在施工单位负责人、监理单位负责人、项目单位接收人、物资供应公司处依次点击 🔍 。

在弹出的对话框"姓名"处输入对应的人员姓名。

点击【查询】。

点击该人员姓名。

点击【确定】。

最终显示为：施工单位负责人、监理单位负责人为"无"，项目单位接收人、物资供应公司为对应人员。

点击【保存并发送短信】。

点击【发送】。

8. 电子签章确认

供应商在 ECP 平台上进行电子签章确认。

9. 签署电子签名和电子签章

（1）项目单位接收人员签署。

登录外网供应商服务大厅 www.sgcc.com.cn（推荐使用 IE 浏览器），并插入电子钥匙 U 盘，进入服务大厅菜单地址：菜单→物流单据电子化→待签署事项。

点击【查询】，页面会显示所有待签事项，每次选中一条。

点击【电子签名】。

点击右下方签名图标 。

【输入手机验证码签名】123456，签署日期系统自动生成，无需修改。

点击【确认】。

系统提示正在签署→签署完成（显示签名）。

关闭界面。

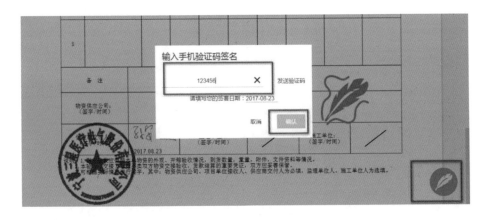

待签署事项页面中该条签字状态显示"项目已签名"，继续选中该条。

点击【电子签章】。

点击盖章图标。

添加签署：钥匙签章。

点击【开始签章】。

从电子钥匙选择证书，点击【确定】。

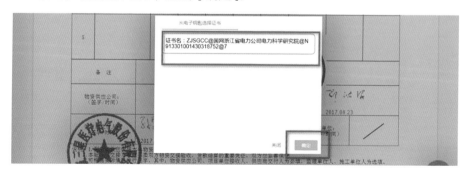

输入【PIN 码】。

点击【确定】。

系统提示"签署成功"。

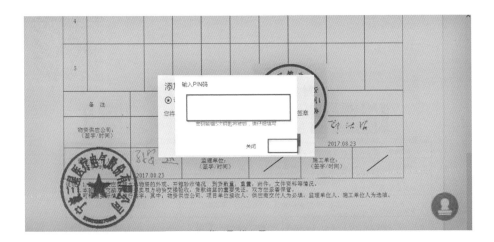

电子签名、电子签章完成后显示如下：

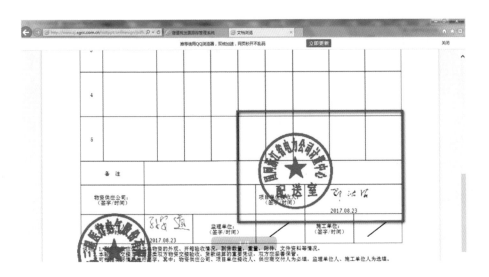

关闭界面，回到"待签署事项"界面，依次完成所有事项的签署电子签名和电子签章。

（2）物资供应公司人员电子签名和签章。

物资供应公司人员重复步骤（1）进行电子签名和电子签章。

完成所有电子签名和电子签章后显示如下：

OTDS

到 货 验 收 单

到货验收单号：	1120000000000320541			采购订单号：	4700902521	
合同编号：	S0041079B5		供应商：	浙江正泰电器股份有限公司		
项目单位：	国网浙江省电力公司科学研究院		项目名称：			
供应商联系人/电话：	周朝茂/18267914559		承运商联系人/电话：	张需静/18267914559		
收货联系人/电话：	黄玉豪/13429124734		交货地点	计量中心余杭基地		

序号	物料描述	单位	合同数量	发货数量	换货数量	实际到货数量	预计发货期	预计到货期	实际交货期
1	低压电流互感器,1000/5,0.5S,穿心绕组	台	2983	2983	0	2983	2017-07-12	2017-07-12	2017-09-18
2									
3									
4									
5									

供货方：
（签字/时间）
2017.09.18

项目单位接收人：
（签字/时间）
2017.09.18

孙明余
2017.09.18

监理单位：
（签字/时间）
／

施工单位：
（签字/时间）
／

说明：1.到货验收内容包括物资的外观、开箱验收情况、到货数量、重量、附件、文件资料等情况。
　　　2.本到货验收单是供需双方物资交接凭证、货款结算的重要凭证，双方妥善保管。
　　　3.根据实际情况签字，其中：物资供应公司、项目单位接收人为必填，供应商交付人为必填，监理单位人、施工单位人为选填。

第 1 页 /共 1 页

10. 验收入库

登录 ERP 系统。

输入事务码 zmm00115n。

输入【工厂】：otds。

输入【采购订单编号】：47*。

点击执行按钮 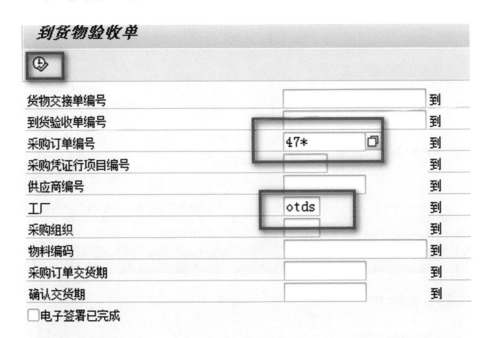。

选中【物资供应公司（签字）】和【项目单位接收人（签字）】都完成的行项目。

点击【库存地批量维护】。

输入【库存地点】：ifa3。

点击按钮 ✔ 。

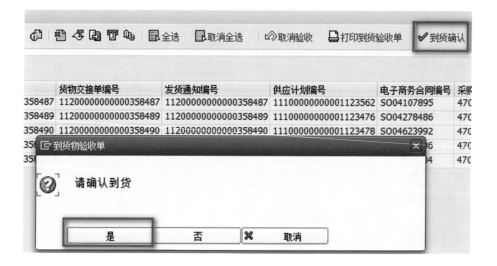

点击【到货确认】。

点击【是】。

点击【指纹确认】。

在指纹采集器上按下指纹。

点击【是】。

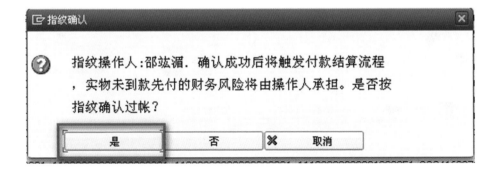

等待片刻，完成后系统自动刷新界面。

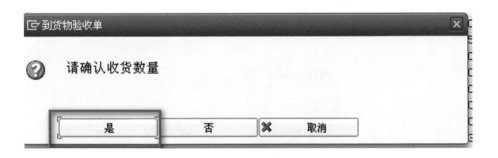

记录采购订单号 470000****，待电子签章流程完成后，再进行指纹补录。

输入事务码 zmm00115n。

输入【工厂】：otds。

输 入【 采 购 订 单 编 号 】：470000****。

点击【补录指纹】。

点击执行按钮 ⊕。

点击全选按钮 📑 →指纹补录。

操作与正常指纹确认相同。

11. 申请付款

输入事务码 zmm00126。

点击【到货款申请管理】→执行按钮 ⊕。

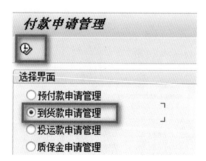

输入【工厂】：otds。

点击【到货验收单手工触发到货款支付申请】→执行按钮 ⊕。

点击全选按钮 📑 →点击【创建到货款支付申请】。

提示"到货款支付申请创建成功"，点击返回按钮 ⮌。

点选【履约提交】。

点击执行按钮 ⊕。

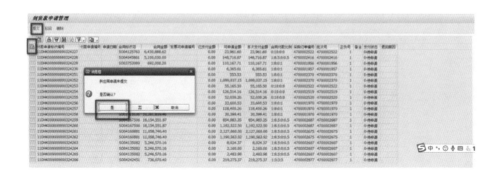

点击全选按钮 ▦ →【提交】→【是】。

提示"确认成功"，点击返回按钮 ⮌。

点选【需财务支付】。

点击执行按钮 ⊕。

点击全选按钮 ▦ →【支付】，左下角提示"支付成功"。

至此，省计量中心对外收货流程结束，后续供应商凭相应发票和到货验收单到物资分公司进行结算。

三、转储销售

地市单位完成营销系统表计实物配送入库，且省计量中心确认配送数据后，触发需求单位 ERP 系统转储，在电科院账套上生成发货凭证，市县分公司生成收货凭证；在电科院账套生成发货凭证，省投资公司生成收货凭证。同时，ERP 系统自动创建县局子公司采购订单，触发省物资公司 ERP 系统销售订单、外向交货动作，生成发货凭证、销售凭证，触发县局子公司收货、发票校验动作，生成收货凭证、发票校验凭证。

（一）工作前准备

1. 营销系统流程操作

登录电力营销业务应用系统（注：需 IE 浏览器登录），网址：http：//10.147.255.151：7004/isc_sso/login。

进入工单。

选择入库方式。

确认库区。

设备入库。

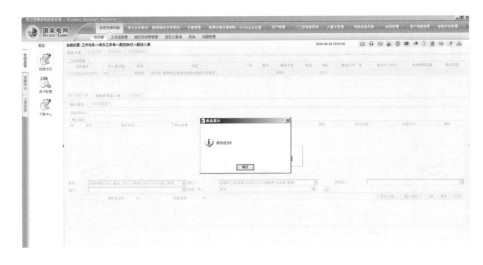

发送结束流程。

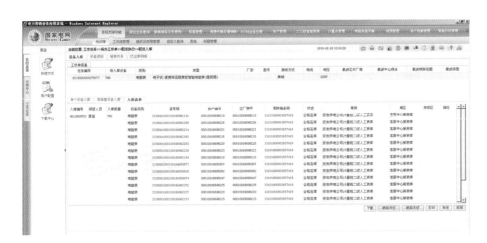

2. 提取省公司配送流程清单

登录电力营销业务应用系统（注：需 IE 浏览器登录），网址：http：// 10.147.255.151：7004/isc_sso/login。

菜单地址：常用查询新→我的常用查询→资产管理→ 08556 省公司配送流程清单。

选择起始日期与截止日期。

点击【Excel 导出】。

导出表格——省公司配送流程清单。

（二）系统操作

1. 登录 ERP 系统

2. 核对省公司配送流程清单

输入事务码 ZMM00221，按回车键。

输入【需要单位】：*。

选择送货单接收时间。

订单状态点选"未完成"。

点击执行按钮 。

注：当日入库不可转储。

点击输出按钮 。

点选"Excel（MHTML 格式）"。

点击按钮 。

提取省公司配送流程清单。

将从营销系统提取的省公司配送流程清单与 ERP 系统提取的省公司配送流程清单进行核对，核对一致即可进行转储；若核对不一致则联系中心相关专职人员查找原因并纠正。

3. 转储

返回"统一计价：电能表数据配送"页面，将需要转储的选项打√。

注：同一物料可一并操作（若库存不足情况下，需逐条操作）。

统一计价：电能表数据配送

选项	送货单编号	送货行项目	工厂	物料编号	数量	计量单位	预留编号	预留项目	转储凭证号	转储年度	流程状
✓	190218379396	2618110212997766	HZH1	5000-2916-6	30.000	台					0
✓	190218382684	2618122413291307	HZH1	5001-3502-5	840.000	只					0
✓	190218382684	2619010213337345	HZH1	5001-3502-5	160.000	只					0
✓	190219432516	2619010213337345	HZH2	5001-3502-5	1,000.000	只					0
✓	190215233870	2618090512842865	HZH3	5001-3499-0	60.000	只	4356425	1			6
	190215234331	2618121913262020	HZH3	5001-3502-5	160.000	只					0
	190215234331	2618122413291307	HZH3	5001-3502-5	240.000	只					0

点击按钮 □执行。

等待页面刷新后，转储完成。提示"执行完成！"。

全部转储完毕后，请逐步按返回按钮退出系统（转储后必须退出 ERP 系统）。

四、领料出库

地市县单位收到实物表计，在营销系统中完成配送入库；通过营销系统自动创建 ERP 系统预留，并将信息传递至电科院生成 ERP 系统预转储。

ERP 系统操作

1. 生成订单

输入操作人员账号和密码，登录 ERP 系统。

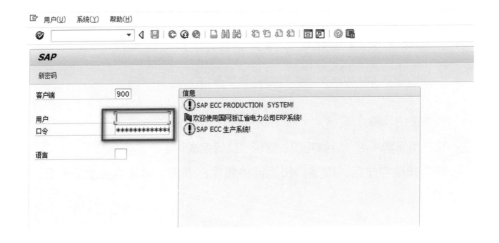

进入主界面后，输入事务码 IW31，按回车键。

进行以下信息维护：

输入【订单类型】：zpm3。

输入【计划工厂】：sbhz。

按回车键。

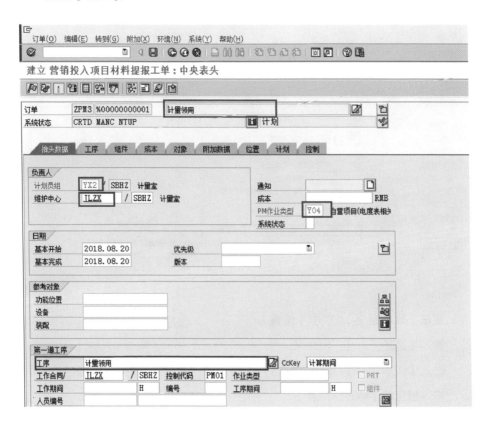

进行以下信息维护：

输入【计划员组】：YX2。

输入【维护中心】：JLZX。

输入【PM 作业类型】：Y04。

双击【工序】。

点击【组件】。

输入要操作的物料，双击，选择库位，输入数量。

点击【附加数据】。

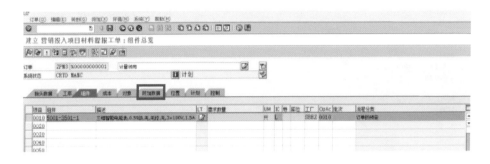

输入【公司代码】：SBHZ。

输入【负责的成本中心】：HZC052。

输入相应的【WBS 元素】。

建立 营销投入项目材料提报工单：表头细节数据

| 订单 | ZPM3 %00000000001 | 计量领用 | | |
| 系统状态 | CRTD MANC | | 计划 | |

抬头数据　工序　组件　成本　对象　附加数据　位置　计划　控制

组织结构

公司代码	SBHZ	国网浙江省电力有限公司杭州供电公司
业务范围		
成本控制域	ZPCA	国网浙江电力控制范围
负责的成本中心	HZC052	营销部
利润中心	HZZ000	国网浙江省电力有限公司杭州供
对象类	间接费用	
分配组	0	
WBS 元素	B311HZ18003Z00L3000000	设备购置
项目定义	B311HZ18003Z	国网浙江杭州供电公司计量室2018年用电信息采

双击【项目定义】，点击【位置】。

输入【维护工厂】：SBHZ。

输入【成本中心】：HZC052。

输入相应的【WBS 元素】。

点击【抬头数据】。

订单(O) 编辑(E) 转到(G) 附加(X) 环境(N) 系统(Y) 帮助(H)

建立 营销投入项目材料提报工单：位置数据

| 订单 | ZPM3 %00000000001 | 计量领用 | |
| 系统状态 | CRTD MANC | | 计划 |

抬头数据 | 工序 | 组件 | 成本 | 对象 | 附加数据 | 位置 | 计划 | 控制

位置数据
维护工厂   SBHZ
设备变动方式
使用保管人
工厂区域
工作中心
ABC 标识
分类字段

帐户分配
公司代码
资产编码   /
业务范围
成本中心   HZC052   成本控制域
WBS 元素   B311HZ18003Z00L3000000

修改日期【基本开始】为当天。

修改日期【基本完成】为本年度最后一天。

订单(O) 编辑(E) 转到(G) 附加(X) 环境(N) 系统(Y) 帮助(H)

建立 营销投入项目材料提报工单：中央表头

| 订单 | ZPM3 %00000000001 | 计量领用 | |
| 系统状态 | CRTD MANC | | 计划 |

抬头数据 | 工序 | 组件 | 成本 | 对象 | 附加数据 | 位置 | 计划 | 控制

负责人
计划员组   YX2 / SBHZ 计量室   通知
维护中心   ILZX   / SBHZ 计量室   成本   RMB
                                      PM作业类型 Y04 自营项目(电度表相关
                                      系统状态

日期
基本开始   2018.08.20   优先级
基本完成   2018.12.31   版本

点击【计划】右边 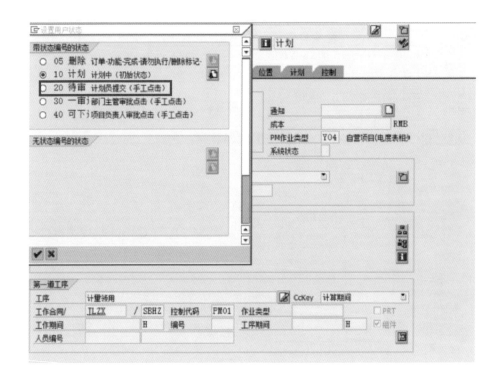 按钮，在下拉菜单中选择【待审】。

点击【保存】。

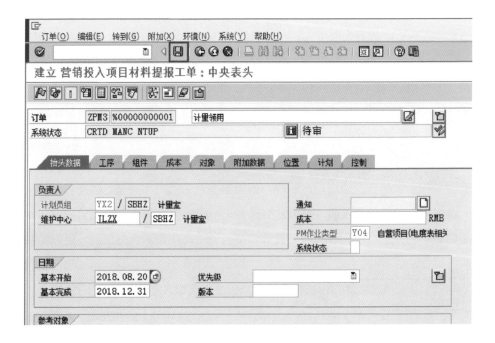

生成订单（并记录下订单号 5000077814）。

一般数据/管理数据

☐ 包括对象清单

提前订单		到	
上级订单		到	
计划工厂		到	
优先级		到	
输入者		到	
创建日期		到	
包含状态		到	
排它状态		到	
描述		到	
最后修改者		到	
更改订单主文件日期		到	
可使用终止日期		到	
订单开始日期	2018.08.01	到	2018.08.20
基本完成日期		到	
维护计划		到	

✅ 带 5000077814 号的订单已保存

2. 修改订单

输入事务码 IW38，按回车键，进入界面。

输入订单号（如 5000077814）。

点击左上角 ⊕ 执行按钮。

程序(P)　编辑(E)　转到(G)　系统(Y)　帮助(H)

更改PM订单: 选择订单

结算接收方　PRT

订单状态

☑ 未清的　　☑ 正在处理　　☐ 已完成　　☐ 历史的　　选参数文件 [　　] 地址 ✖

订单选择

订单	5000077814	到	
订单类型		到	
功能位置		到	
设备		到	
物料		到	
序列号		到	
附加装置数据		到	
通知单		到	
主工作中心		到	
工厂工作中心		到	
期间	2018.05.22	到	2018.08.20
合作伙伴			
货币			

点击【待审】右边 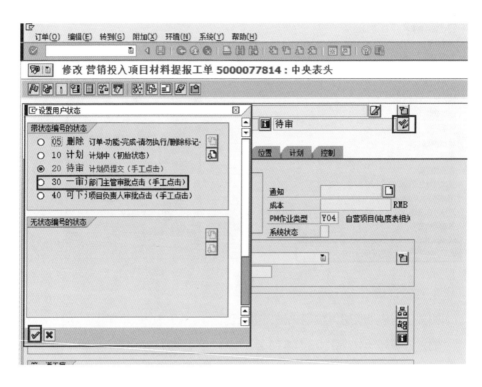 按钮，在出现的下拉菜单中选择【一审】，点击确定，并保存。

输入订单号，点击执行按钮 。

在下拉菜单中选择【可下达】，点击确定，点击 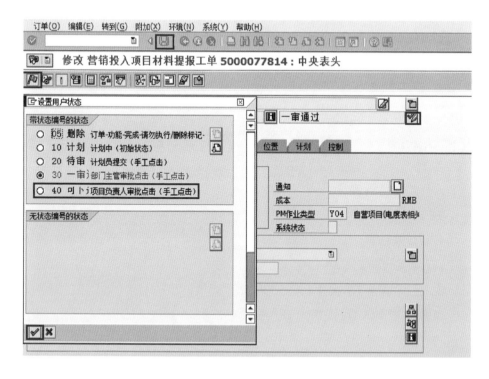 下达，点击【保存】。

3. 发货

输入事务码 MIGO，按回车键，进入界面。

选择【发货】，选择【订单】，输入订单号。

【凭证抬头文本】输入领用单位，按回车键。

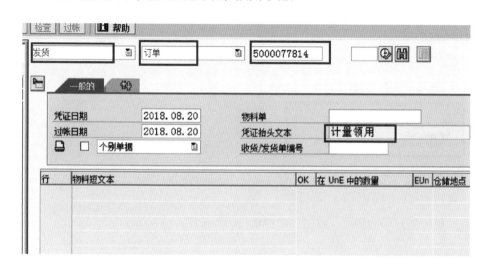

勾选物料，点击保存按钮过账。

生成凭证号码。

4. 打印领料单

输入事务代码 ZMMWLPZ_001。

输入已记录的订单编号（如 5000029786）。

点击  查询。

选择需打印的条目，点击"领料单打印"按钮。

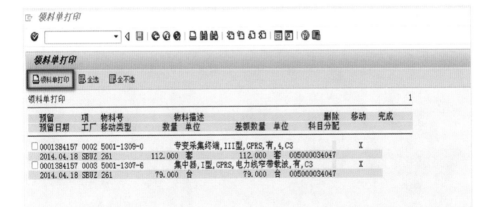

附篇

电能计量资产价值管理
业务关键点汇总篇

本篇主要介绍电能计量资产价值管理业务过程中涉及的关键点，主要包括三大重要指标，即月度供应计划完成率100%、年度合同结算完成率和应付暂估款指标完成率，并详细阐述相关操作注意事项和操作流程。

一、月度供应计划完成率 100%

计量中心提交的需求计划经物资公司审批生效后，在 ERP 系统中生成对应的供应计划，ERP 系统要求供应计划生成后 30 天内必须完成收货入库操作，未完成收货会造成月度供应计划完成率低于 100%。为避免出现实物未到货而进行收货的情况，需手工对确定交货期进行变更。

（一）计算公式

物资采购计划完成率 =（按计划到货物资条目数 / 按计划应到货物资总体条目数）×100%

式中："按计划到货物资条目数"是考核期内按计划到货数量（招标文件允许变更范围）和实际交货时间距离计划到货时间 60 天及以内的到货物资条目数；"按计划应到货物资总条目数"是指考核期内按计划应到货物资总条目数，包含考核期内采购申请对应的采购订单已全部办理接收入库（产生入库凭证）的采购申请条目数、考核期内未产生采购订单的采购申请条目数。

（二）操作注意事项

每月关账后及每月最后一天需手动变更所有供应计划的确定交货期。

如在 2017 年 12 月 8 日将确定交货期为 2018 年 1 月 1 日及以后的供应计划变更改为 2018 年 6 月 7 日（可变更为 6 个自然月之内的任何日期），原因为工程延期。

（三）操作步骤

登录 ERP 系统。

输入事务码 zmm00101，按回车键。

输入【采购凭证】：47*。

输入【工厂】：otds。

点选【未生效供应计划】——【除驻厂监造物资外其他】。

点击执行按钮 ⊕。

点击【全选】，点击【交货期变更】。

点击【批量修改建议交货期】。

输入或选择所需日期（如 2018.06.07）。

点击按钮 ✔ 。

点击【批量修改变更原因】。

选择【工程延期】。

点击按钮 ✔ 。

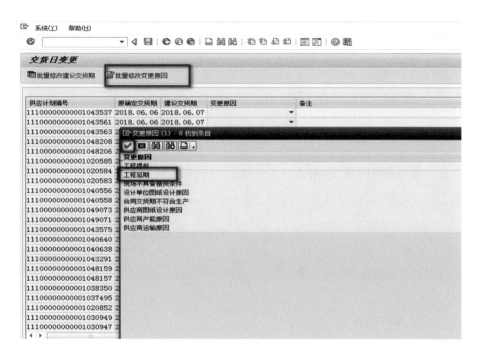

点击【确定】。

系统提示"更新供应计划信息成功"。

点击按钮 ✔ 。

二、年度合同结算完成率

年度合同结算：对于已在 ERP 系统中完成收货的订单，需在收货入库完成后的 75 天内，完成预付款及到货款，并将支付完成信息上传至 ECP。

（一）计算公式

物资合同结算完成率 = 物资合同到货款支付完成金额 / 物资合同到货款应付金额 ×100%

式中："物资合同到货款支付完成金额"是指已办理接收入库 75 天内完成支付比例中预付款和到货款，并将支付完成标识正确上传至电子商务平台的总金额（数据来源于电子商务平台）；"物资合同到货款应付金额"是指采购订单中已接收办理入库 75 天后，按照合同条款支付比例应付到货款的金额。

数据来源于电子商务平台和省公司 ERP 系统（总部辅助决策系统数据），系统当月 1 日零时提取数据。

考核周期为自 2016 年 1 月 1 日办理入库，在本年度应结算的合同。

（二）操作注意事项

验收入库完成之后，注意需在 75 天内完成 zmm00126 申请付款。

（三）操作步骤

输入事务码 zmm14081，按回车键，进入界面，点击【 * 年合同结算指标预警】

点击【各单位当年指标明细查询】。

点击获取变式按钮 🔄 。

选择当年。

点击按钮。

输入【工厂】：OTDS。

点击执行按钮 ⊕ 。

合同结算支付到货款金额预警

反馈灯	工厂	工厂描述	采购订单号	项目编号	项目名称	付款进度	补充协议
○○□	OTDS	国网浙江省电力公司电力科学研究院	4500631116			2到货款	
○○□	OTDS	国网浙江省电力公司电力科学研究院	4500631127			2到货款	
○○□	OTDS	国网浙江省电力公司电力科学研究院	4500631128			2到货款	
○○□	OTDS	国网浙江省电力公司电力科学研究院	4500631129			2到货款	
○○□	OTDS	国网浙江省电力公司电力科学研究院	4500631133			2到货款	
○○□	OTDS	国网浙江省电力公司电力科学研究院	4500631136			2到货款	
○○□	OTDS	国网浙江省电力公司电力科学研究院	4500631139			2到货款	
○○□	OTDS	国网浙江省电力公司电力科学研究院	4500631191			2到货款	
○○□	OTDS	国网浙江省电力公司电力科学研究院	4500631194			2到货款	
●○○	OTDS	国网浙江省电力公司电力科学研究院	4500632434			2到货款	
●○○	OTDS	国网浙江省电力公司电力科学研究院	4500632435			2到货款	
○△○	OTDS	国网浙江省电力公司电力科学研究院	4500635580			2到货款	
○△○	OTDS	国网浙江省电力公司电力科学研究院	4500635581			2到货款	
○○□	OTDS	国网浙江省电力公司电力科学研究院	4500640543			2到货款	
○○□	OTDS	国网浙江省电力公司电力科学研究院	4500690629			2到货款	
○○□	OTDS	国网浙江省电力公司电力科学研究院	4500703639			2到货款	
○○□	OTDS	国网浙江省电力公司电力科学研究院	4500712143			2到货款	
○○□	OTDS	国网浙江省电力公司电力科学研究院	4500712145			2到货款	
○○□	OTDS	国网浙江省电力公司电力科学研究院	4500712147			2到货款	
○○□	OTDS	国网浙江省电力公司电力科学研究院	4500712378			2到货款	
○○□	OTDS	国网浙江省电力公司电力科学研究院	4500712379			2到货款	
○○□	OTDS	国网浙江省电力公司电力科学研究院	4500712380			2到货款	

首列【反馈灯】对应状态如下：

（1）红灯：已被考核。

（2）绿灯：到货款支付正确。

（3）黄灯：到货款请尽快支付。需在 75 天内完成 zmm00126 申请付款（建议每次指纹收货完成后直接进行此步骤）。

三、应付暂估款指标完成率

应付暂估款：对于已在 ERP 系统中完成收货的订单，需在收货入库完成后的 90 天内，完成 ERP 中的财务发票校验操作。

（一）计算公式

应付暂估款指标完成率 = 应付暂估物资款期末余额 / 物资合同到货总额 ×100%

（二）操作注意事项

验收入库之后，需不定时提取应付暂估款预警查询报表（提取方式见操作步骤），提醒供应商及时到供应商服务大厅进行发票校验，并反馈提交日期。若供应商反馈已交发票，则提醒物资公司关注发票校验进程。

（三）操作步骤

输入事务码 zmm14081，按回车键，进入界面。

点击【应付暂估款预警查询】。

输入【工厂】：OTDS。

点击执行按钮。

点击输出按钮 ，保存数据表。

同业对标应付暂估-各单位统计报表

采购凭证号	行项目	工厂	采购订单数量	供应商	供应商名称
4700001970	10	OTDS	101,800.000	0000019379	南京能瑞自动化设备股份有限公司
4700001970	20	OTDS	2,036.000	0000019379	南京能瑞自动化设备股份有限公司
4700001970	40	OTDS	51,800.000	0000019379	南京能瑞自动化设备股份有限公司
4700001970	50	OTDS	2,036.000	0000019379	南京能瑞自动化设备股份有限公司
4700001970	60	OTDS	2,036.000	0000019379	南京能瑞自动化设备股份有限公司
4700002450	10	OTDS	900.000	0000005671	武汉奥统电气有限公司
4700002450	30	OTDS	900.000	0000005671	武汉奥统电气有限公司
4700002519	10	OTDS	17,000.000	0000007642	三爱互感器有限公司
4700002521	60	OTDS	18,800.000	0000007579	浙江正泰电器股份有限公司

打开数据表，筛选出采购订单编号为 47*、即将被考核应付暂估金额为非 0 的项目。

输入事务码 ME23N，在采购订单历史查看未提交的发票。

比如：采购订单 4700002416 有 3 个行项目，每行 5000 只电能表，一共 15000 只，分别查看每个行项目，行项目号 10 收货 5000 只，发票收据 4012 只，表示此行有 988 只未提交。

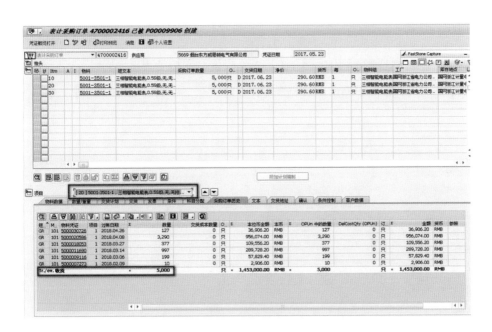

行项目号 20 收货 5000 只，无发票收据，表示此行有 5000 只未提交发票。行项目号 30 收货 5000 只，发票收据 5000 只，表示此行全部提交发票。合计所有行项目未提交发票的一共有 5988 只。

供应商	采购订单号	收货完成日期	号被考核应付暂估金额	发票校验截止日期	到货验收单号	供应商反馈提交发票至服务大厅日期	OA省物资章到日期	提醒供应商日期	供应商反馈提交发票至服务大厅日期 进度记录
溧阳市华鹏电力仪表有限公司	4700002951	2018/6/14	2082420.00	2018/9/12	112000000000338259 112000000000338534 112000000000339052	2018.6.20	2018.6.27	2018.6.19	6.19号反馈 无结算单排不了发票暂未提交 6.26号反馈 6.20号已经提交完毕
烟台东方威思顿电气有限公司	4700002416	2018/4/26	406980.00	2018/7/25	112000000000330937 112000000000331358	2018.6.5	2018.6.12	2018.5.23	2018.6.5
宁波迦南智能电气股份有限公司	4700002973	2018/6/6	1034266.10	2018/9/4	112000000000338262 112000000000335727	2018.6.20	2018.6.12	2018.6.12	张红军反馈 6.20号已经提交服务大厅

结合全检处理表查询对应的到货验收单号，指导供应商开具发票。在发票校验截止日期前至少 30 天与供应商确认并记录发票提交至服务大厅的时间。

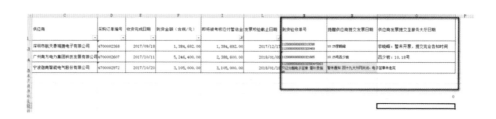

在发票校验截止日期前 15 天 OA 发给省公司相关人员提醒其关注发票校验进度，确保最后日期前发票校验成功。